Sophie Block

Einfache Rechenmandalas für den Zahlenraum bis 20

Zahlen erkennen, addieren und subtrahieren

PERSEN

Gedruckt auf umweltbewusst gefertigtem, chlorfrei gebleichtem und alterungsbeständigem Papier.

3. Auflage 2018

Illustrationen: Nataly Meenen, Julia Flasche (Arbeitspiktogramme)
Satz: Satzpunkt Ursula Ewert GmbH

ISBN: 978-3-403-23460-9

www.persen.de

Zusätzliches Download-Material:

Die farbigen Lösungsblätter können Sie unter folgendem Link kostenlos herunterladen: www.persen.de/zusatzmaterial-23460

Liebe Lehrerinnen und Lehrer,

dieses Heft bietet Ihnen 20 einfache und motivierende Rechenmandalas zum Zahlenraum bis 20. Die Kombination aus Mandalas und integrierten Rechenaufgaben ermöglicht es, Abwechslung zum Übungstrott zu bieten. Die Mandalas bieten viele Übungsanlasse, um die Grundrechenoperationen Addition und Subtraktion zu vertiefen. Außerdem werden neben dem Training der Rechenkompetenz auch Fertigkeiten wie das Konzentrationsvermögen, die Ausdauer und die Auge-Hand-Koordination geschult. Gleichzeitig wirkt das Ausmalen der Mandalas aber auch entspannend und beruhigend.

Die Mandalas sind flexibel im Unterricht einsetzbar und von den Schülerinnen und Schülern eigenständig zu bearbeiten. Mithilfe der farbigen Lösungsseiten, die über den Link www.persen.de/zusatzmaterial-23460 kostenlos herunterzuladen sind, können die Schülerinnen und Schüler außerdem selbstständig überprüfen, ob sie richtig gerechnet haben.

Um den besonderen Voraussetzungen von Schülerinnen und Schülern mit sonderpädagogischem Förderbedarf zu begegnen, sind die Mandalas bewusst übersichtlich gestaltet. Außerdem steigen die Mandalas im Schwierigkeitsgrad an: Es gibt Mandalas ohne und mit Zehnerübergang, Mandalas nur mit Plus- und nur mit Minusaufgaben sowie Mandalas mit gemischten Aufgaben.

Bei der Arbeit mit den Mandalas können die Schülerinnen und Schüler die Aufgaben entweder im Kopf rechnen und die Felder direkt in der richtigen Farbe anmalen, oder aber sie schreiben zunächst ein Gleichheitszeichen sowie das Ergebnis in die Kästchen und malen das Mandala erst in einem zweiten Schritt aus.

Viel Erfolg und Freude mit den Materialien wünscht

Sophie Block

Male die Felder richtig an.

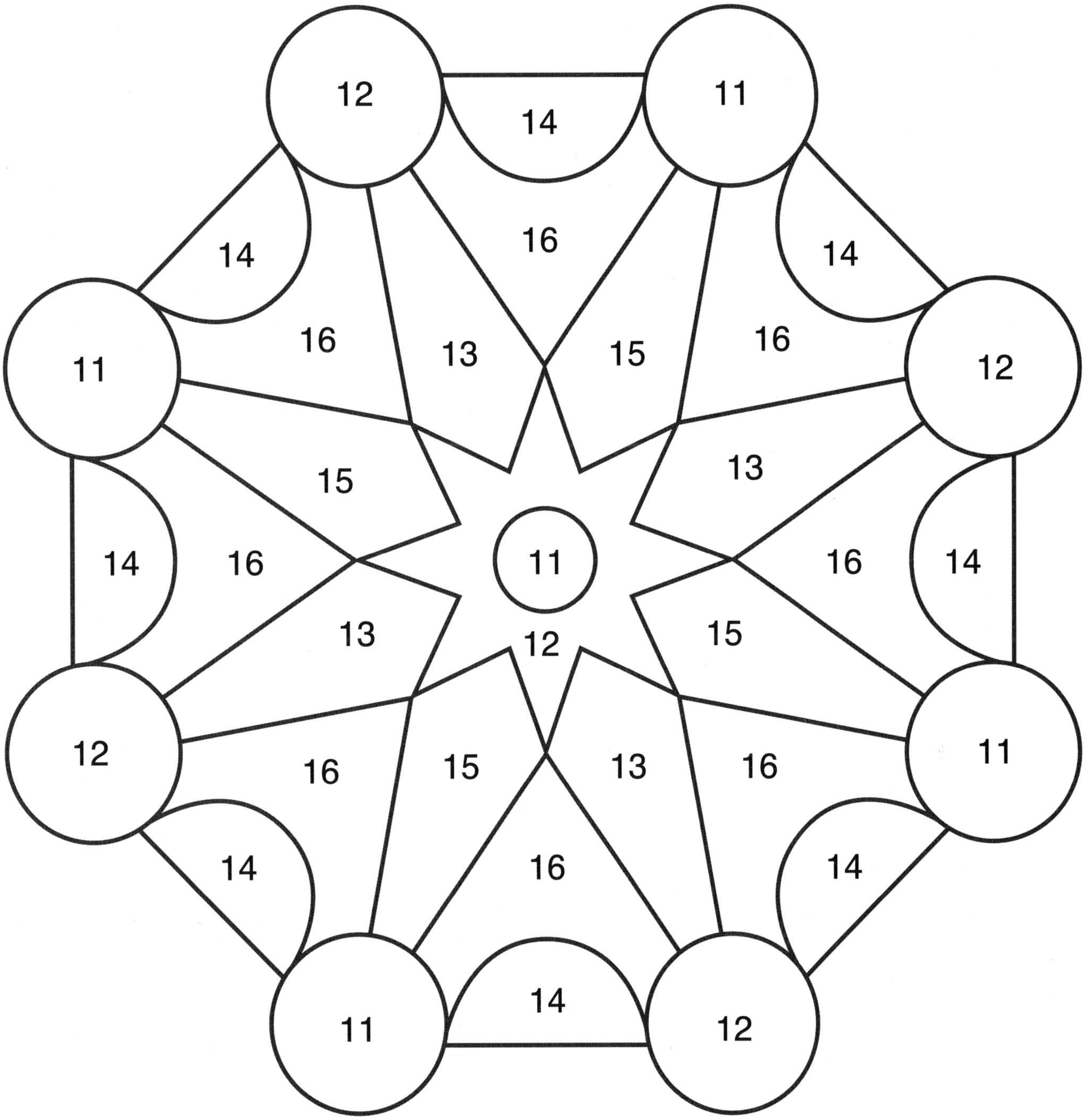

rot	blau	grün	braun	gelb	schwarz
11	12	13	14	15	16

Male die Felder richtig an.

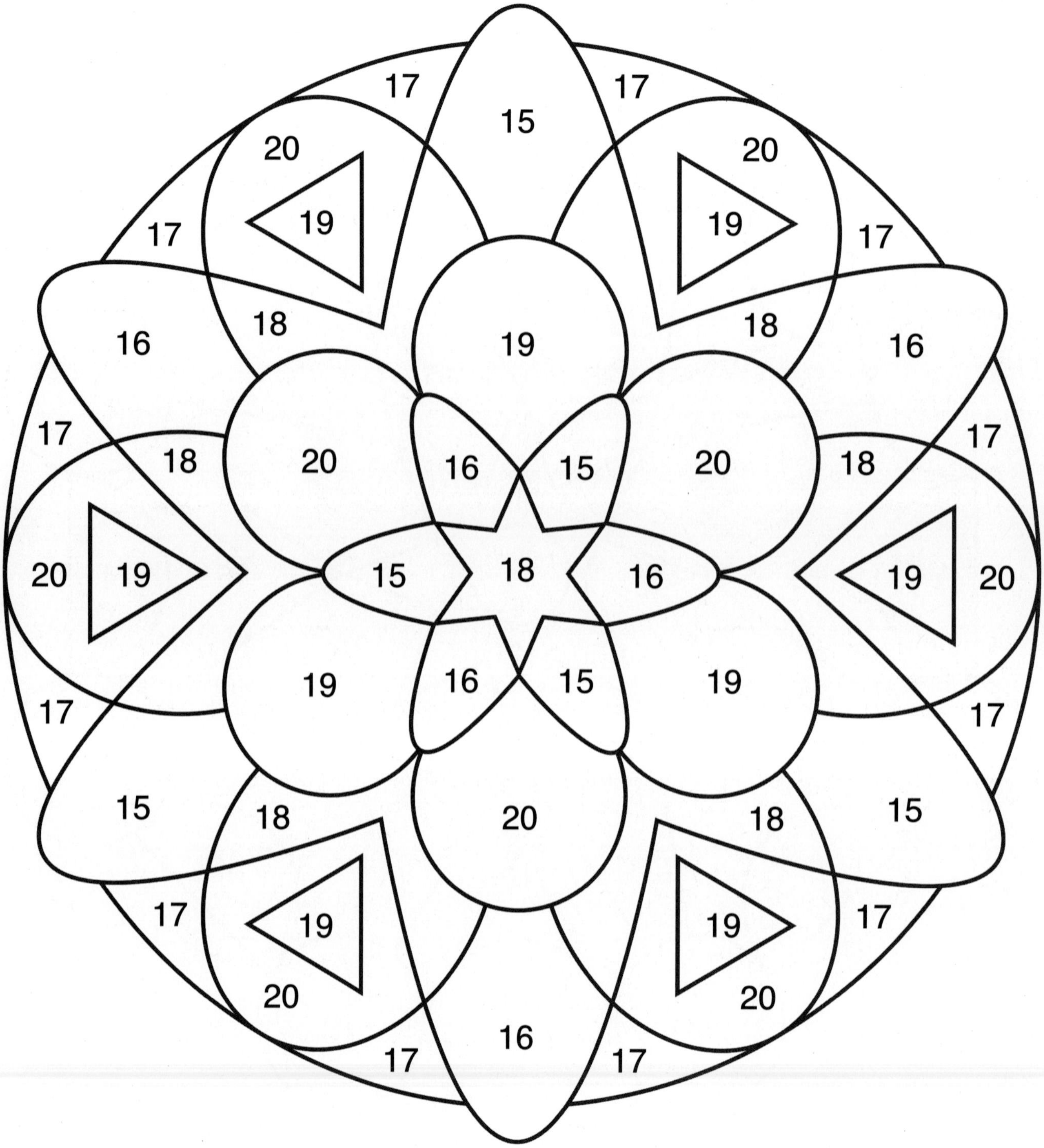

rot	blau	grün	braun	gelb	schwarz
15	16	17	18	19	20

Rechne die Aufgaben aus.

Male die Felder richtig an.

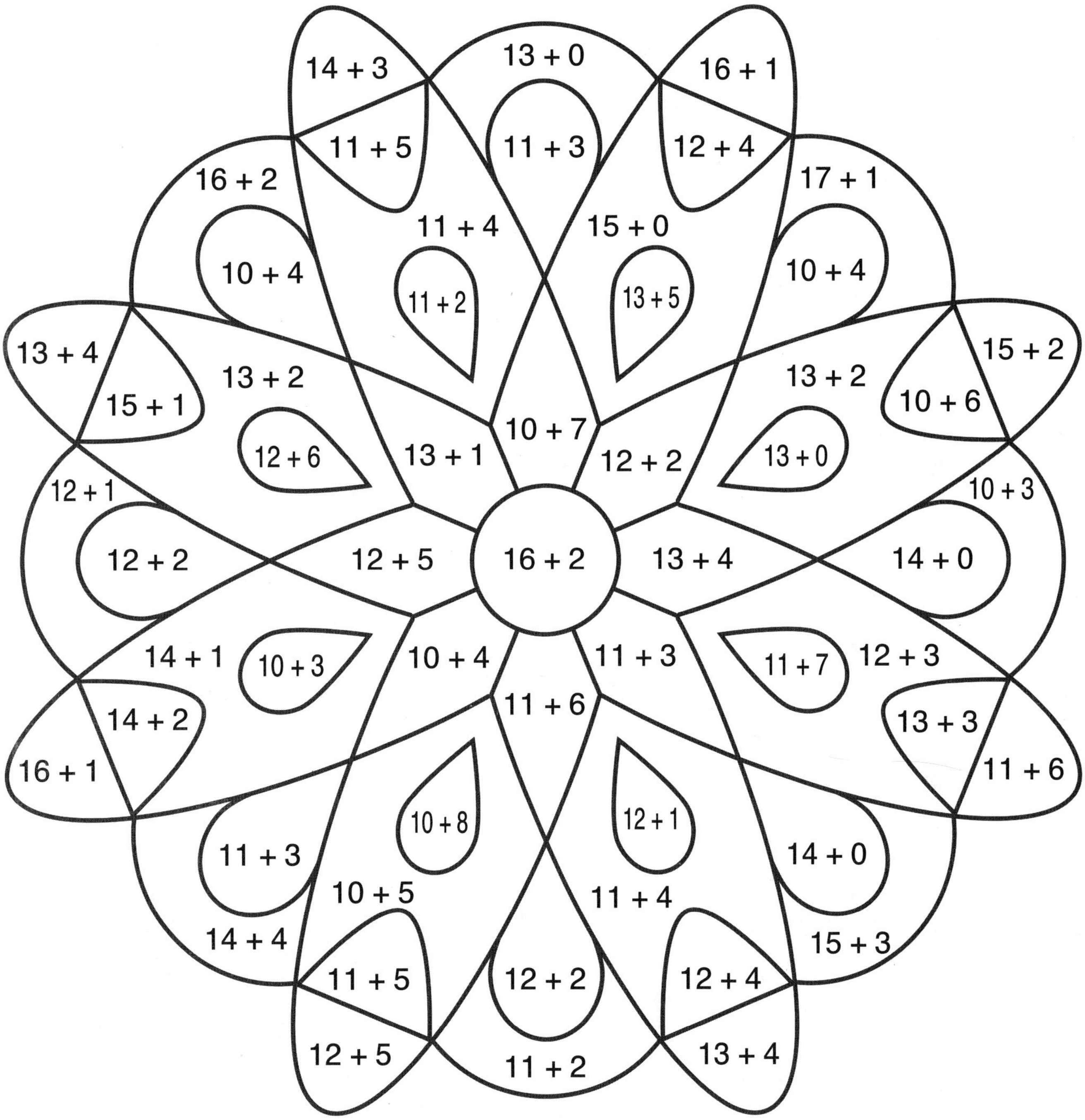

rot	blau	grün	braun	gelb	schwarz
13	14	15	16	17	18

Rechne die Aufgaben aus.

Male die Felder richtig an.

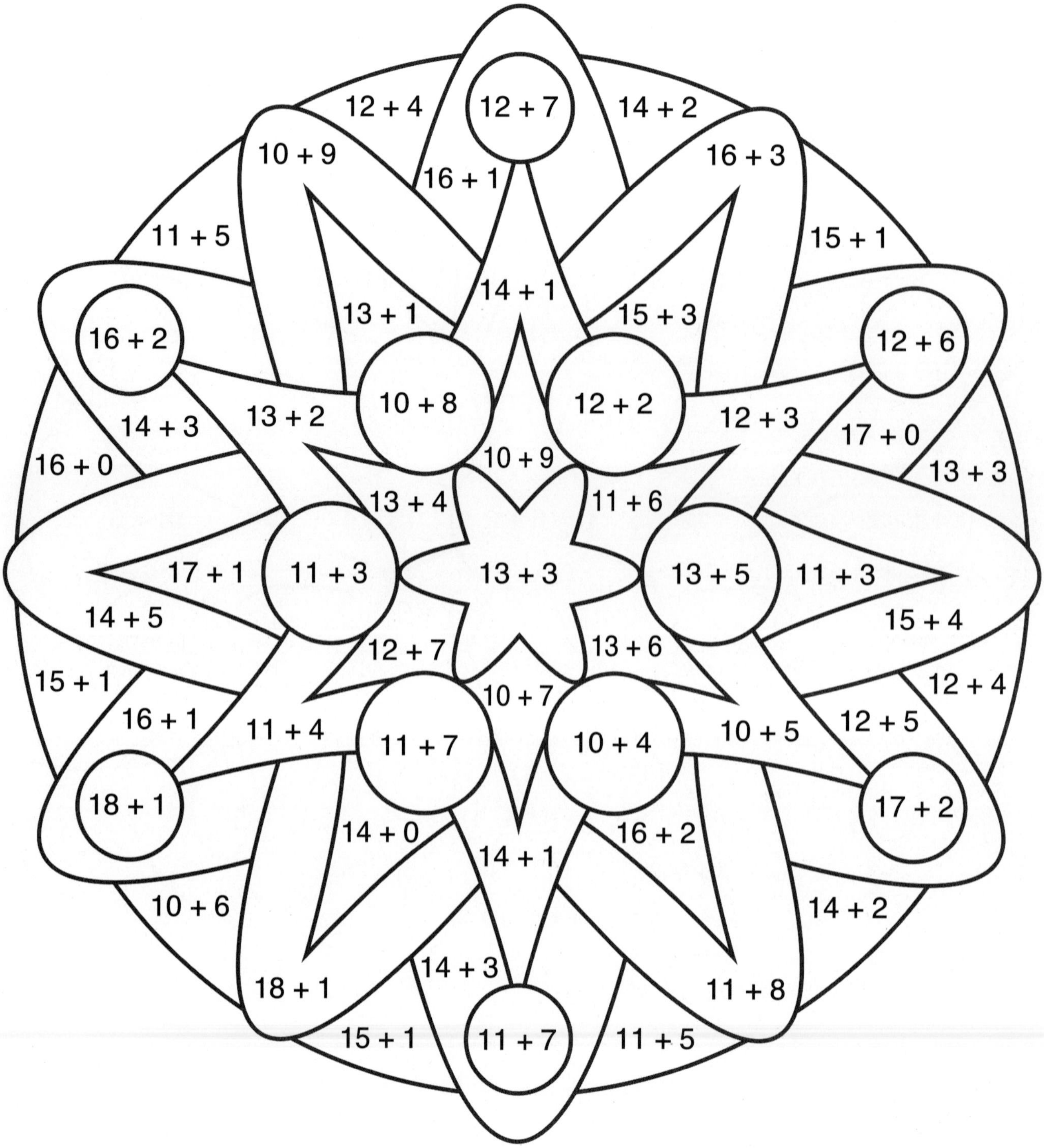

rot	blau	grün	braun	gelb	schwarz
14	15	16	17	18	19

Rechne die Aufgaben aus.

Male die Felder richtig an.

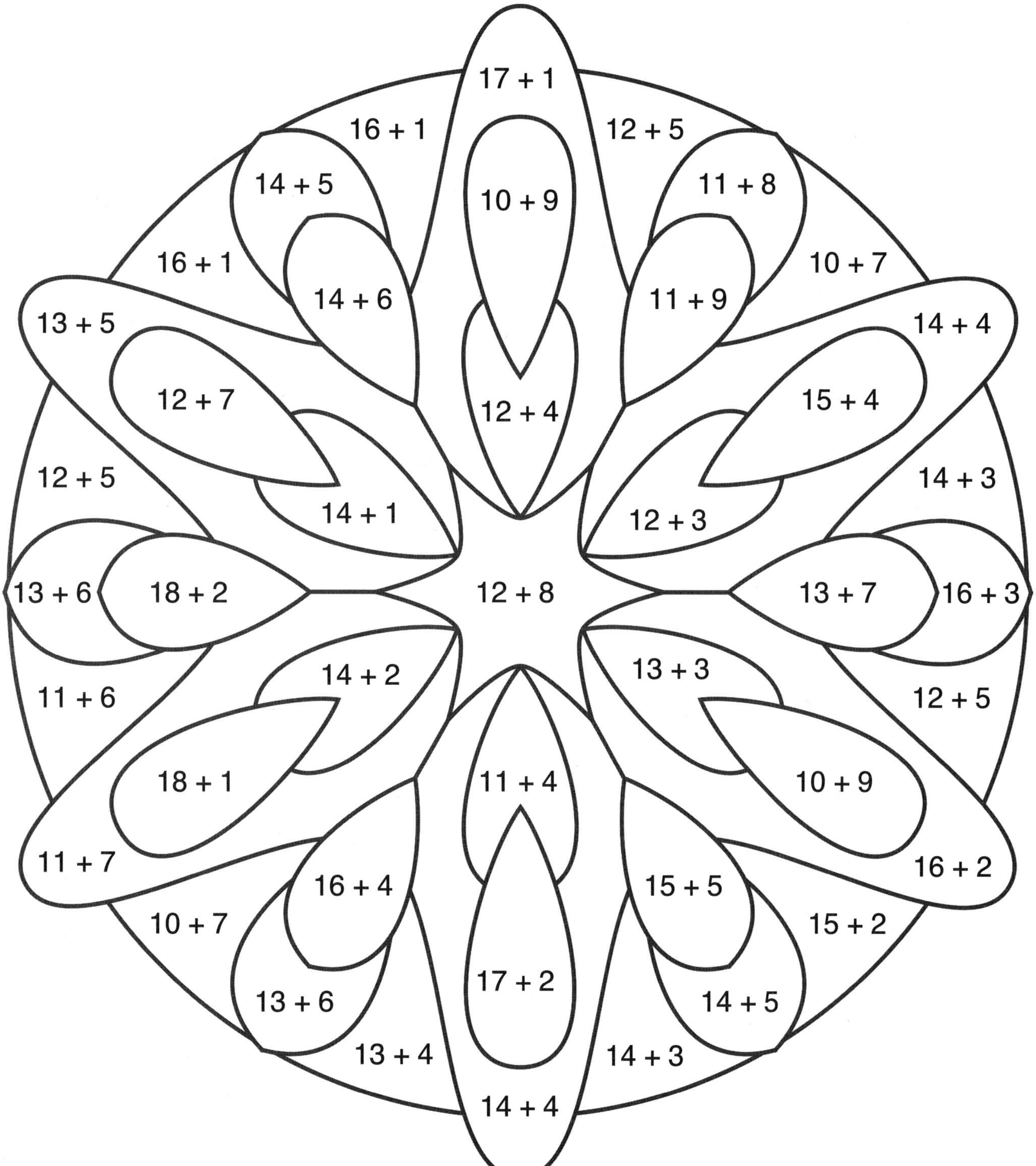

rot	blau	grün	braun	gelb	schwarz
15	16	17	18	19	20

Rechne die Aufgaben aus.

Male die Felder richtig an.

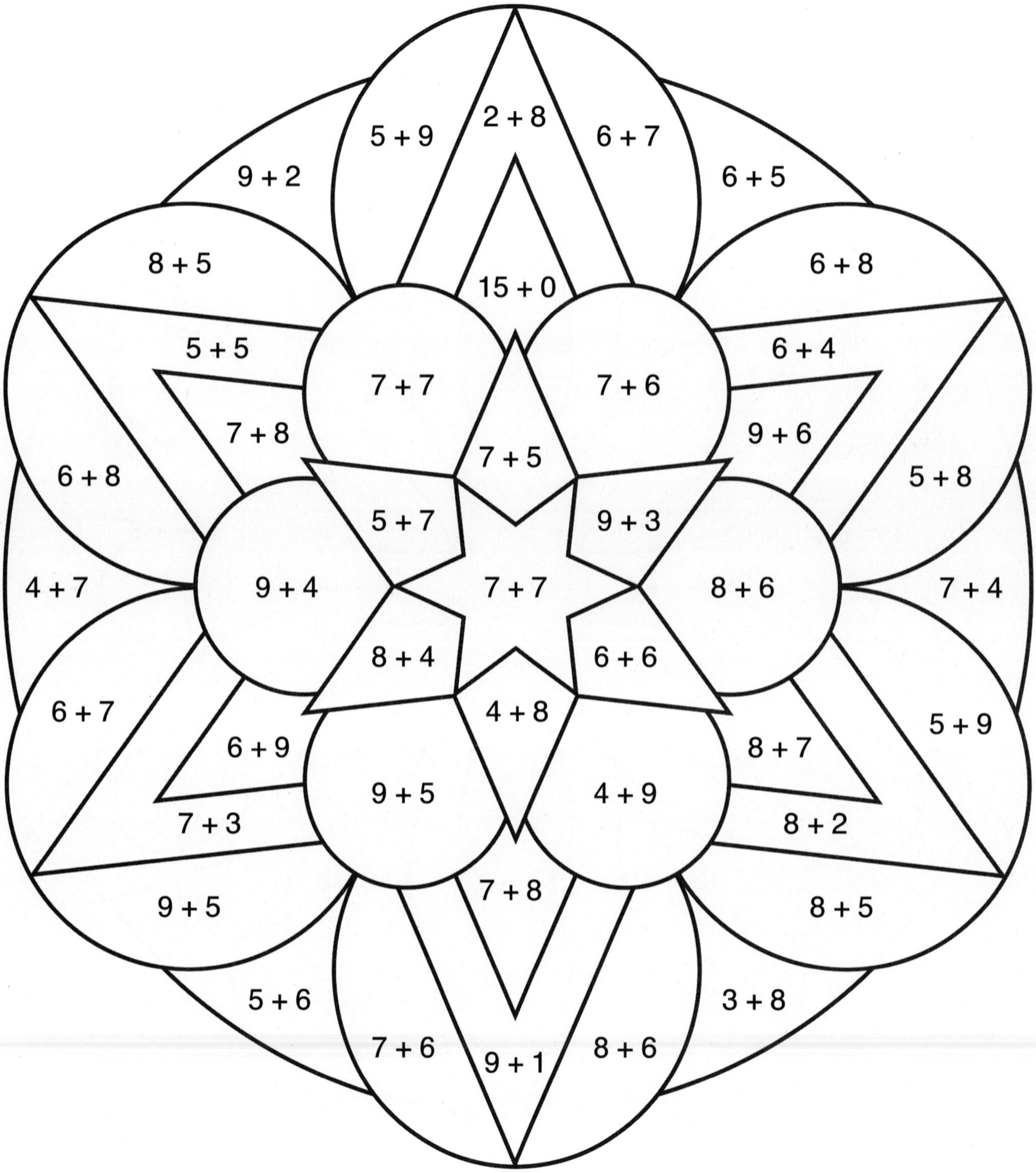

rot	blau	grün	braun	gelb	schwarz
10	11	12	13	14	15

Rechne die Aufgaben aus.

Male die Felder richtig an.

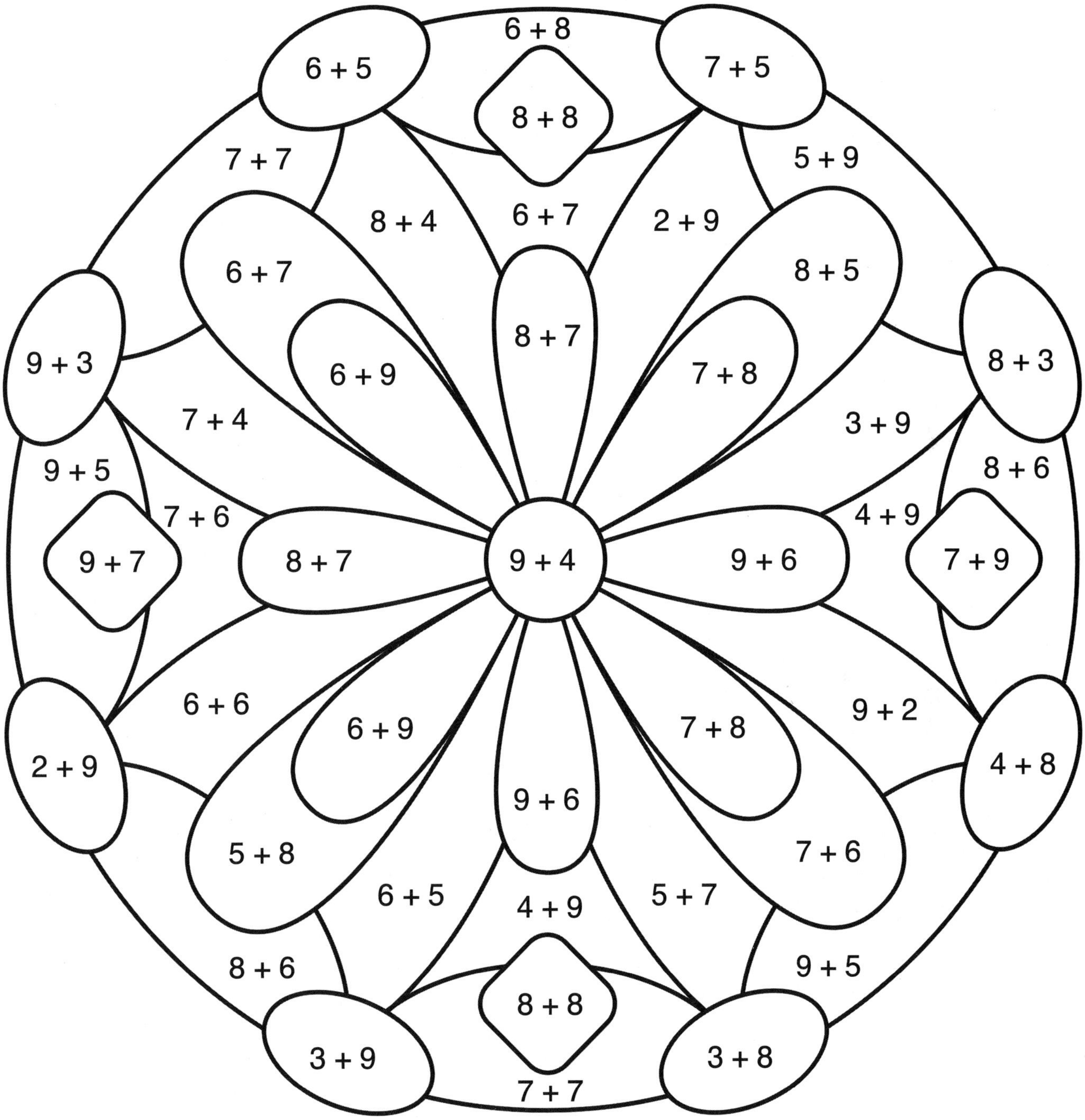

rot	blau	grün	braun	gelb	schwarz
11	12	13	14	15	16

Rechne die Aufgaben aus.

Male die Felder richtig an.

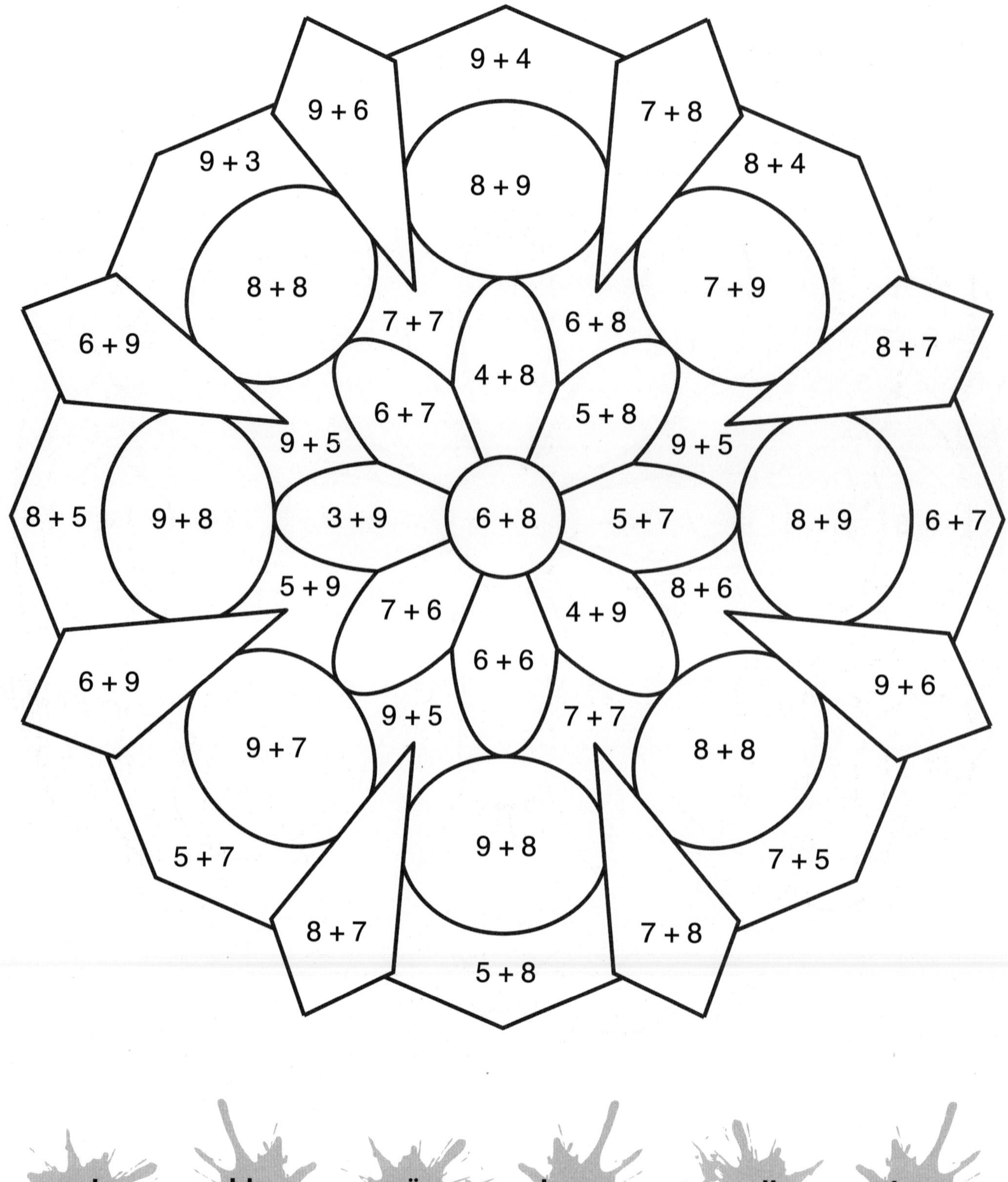

rot	blau	grün	braun	gelb	schwarz
12	13	14	15	16	17

Sophie Block: Einfache Rechenmandalas für den Zahlenraum bis 20

Rechne die Aufgaben aus.

Male die Felder richtig an.

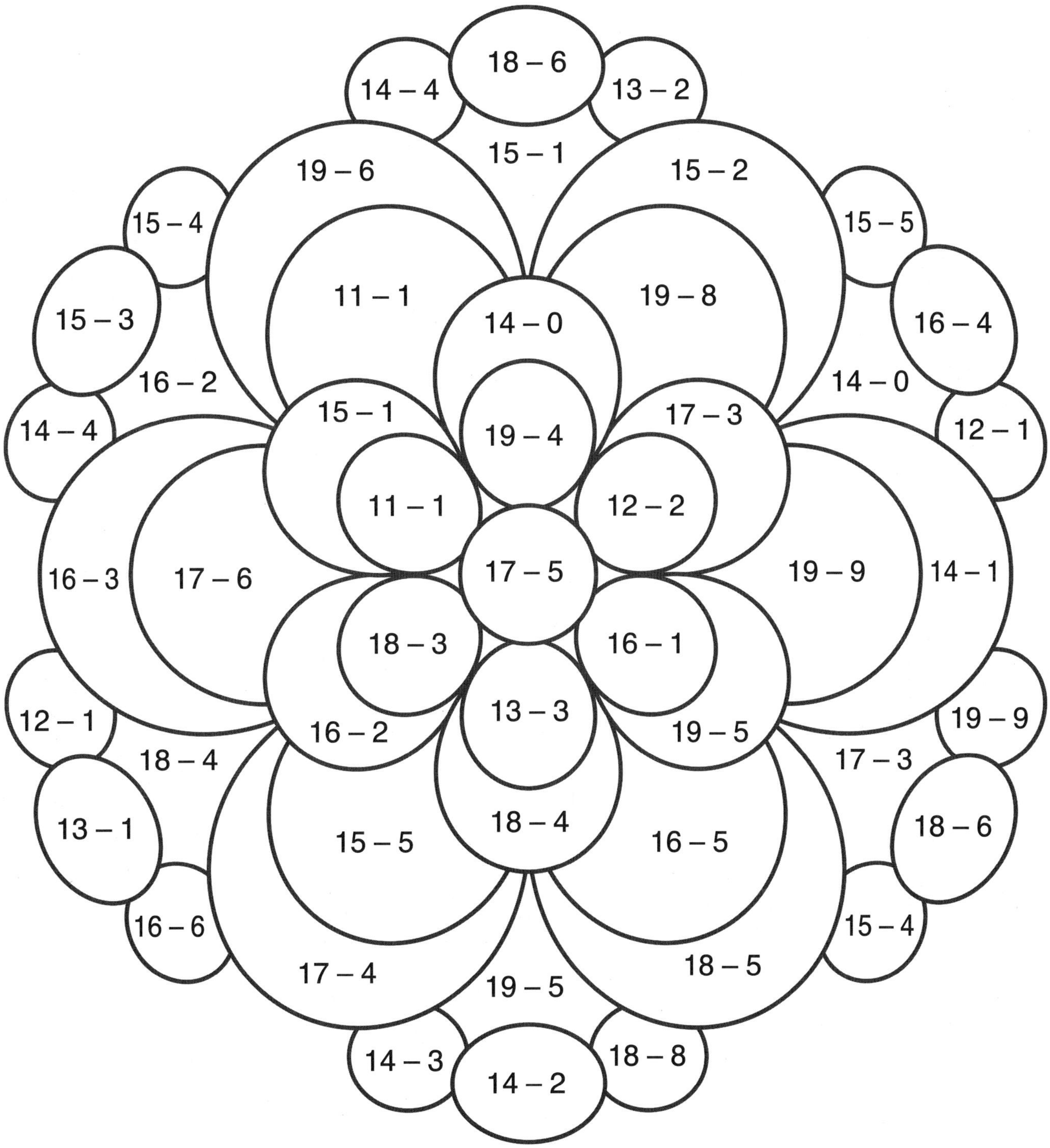

rot	blau	grün	braun	gelb	schwarz
10	11	12	13	14	15

Rechne die Aufgaben aus.

Male die Felder richtig an.

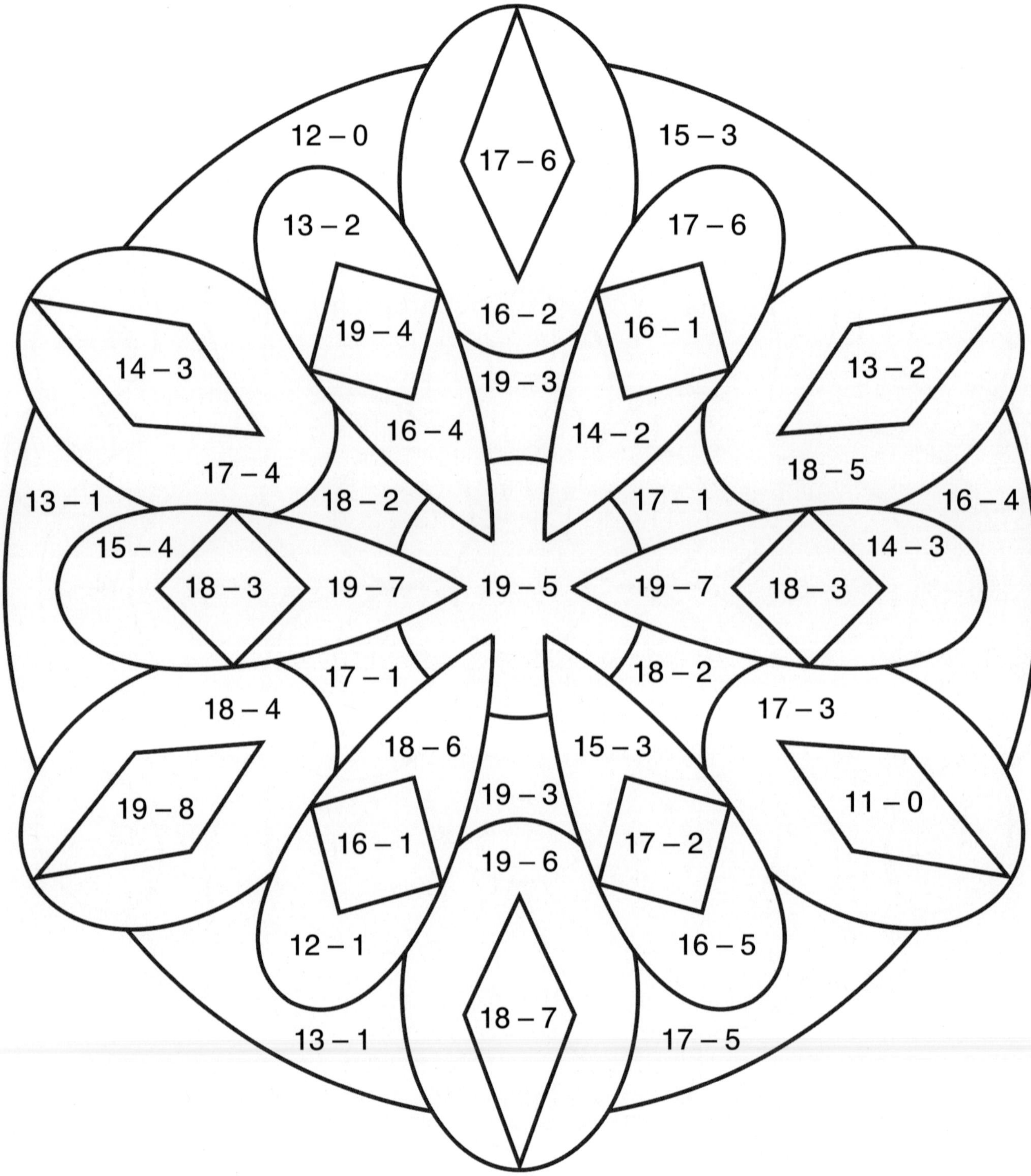

rot	blau	grün	braun	gelb	schwarz
11	12	13	14	15	16

Rechne die Aufgaben aus.

Male die Felder richtig an.

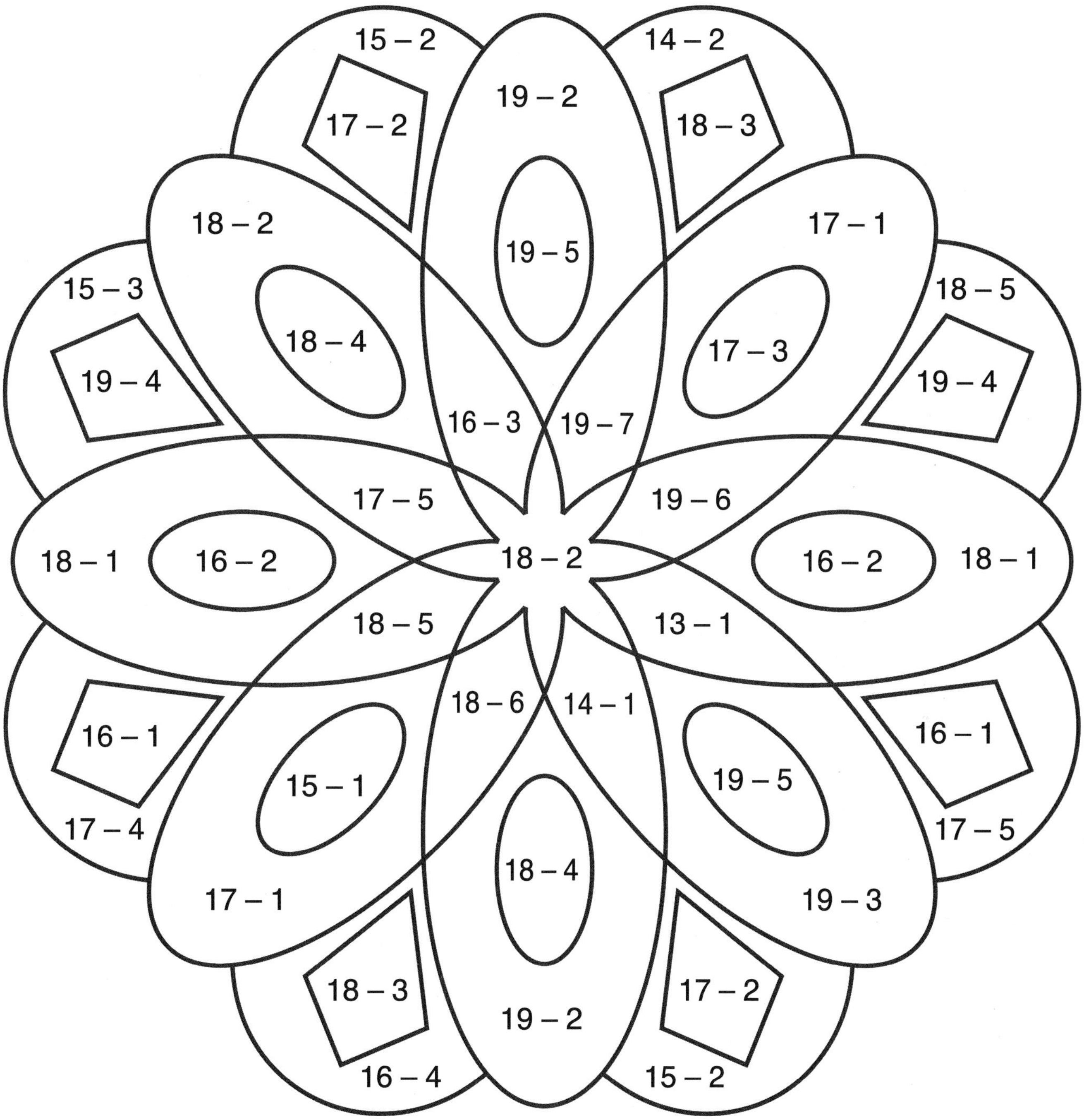

rot	blau	grün	braun	gelb	schwarz
12	13	14	15	16	17

Rechne die Aufgaben aus.

Male die Felder richtig an.

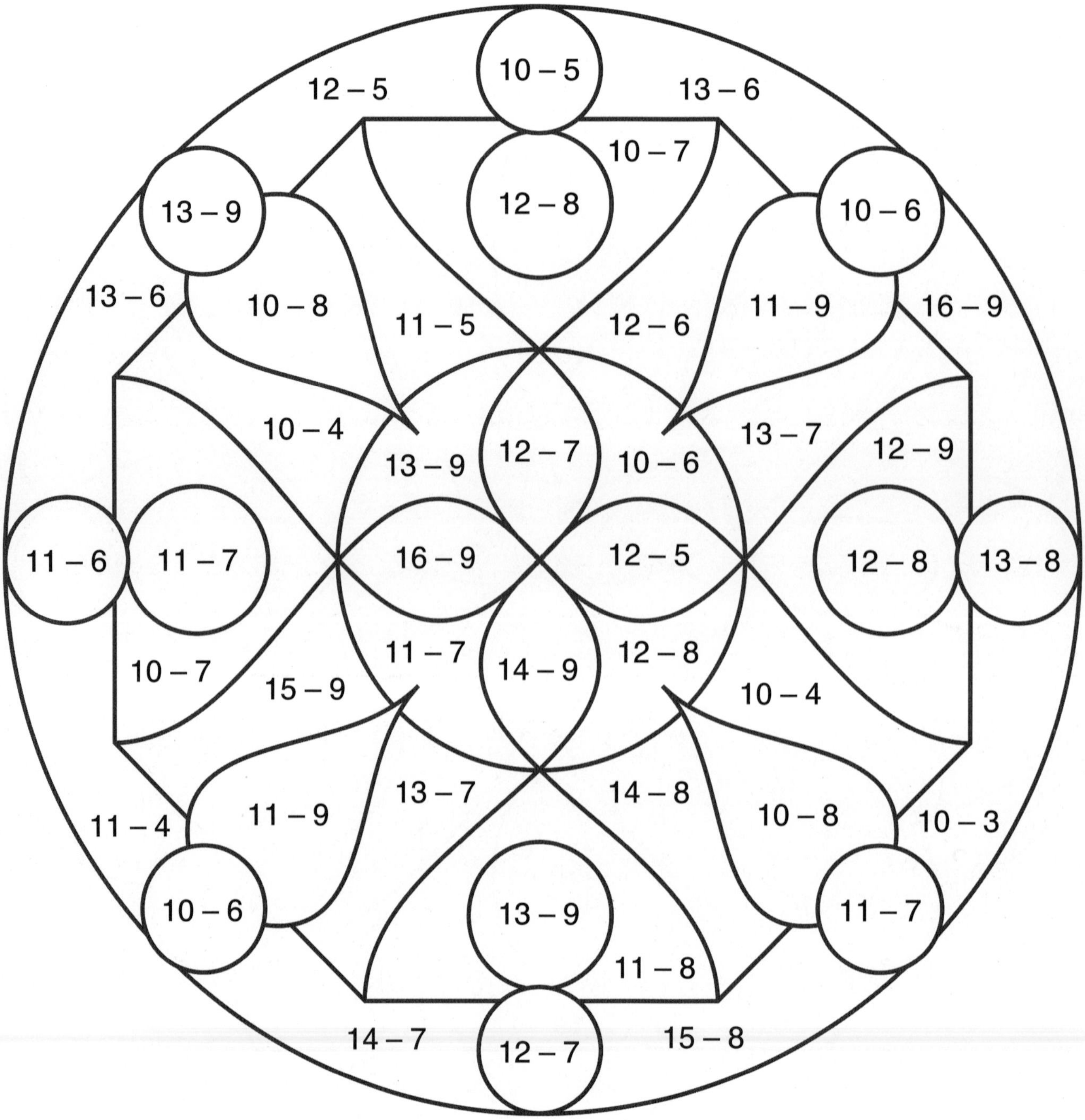

rot	blau	grün	braun	gelb	schwarz
2	3	4	5	6	7

Rechne die Aufgaben aus.

Male die Felder richtig an.

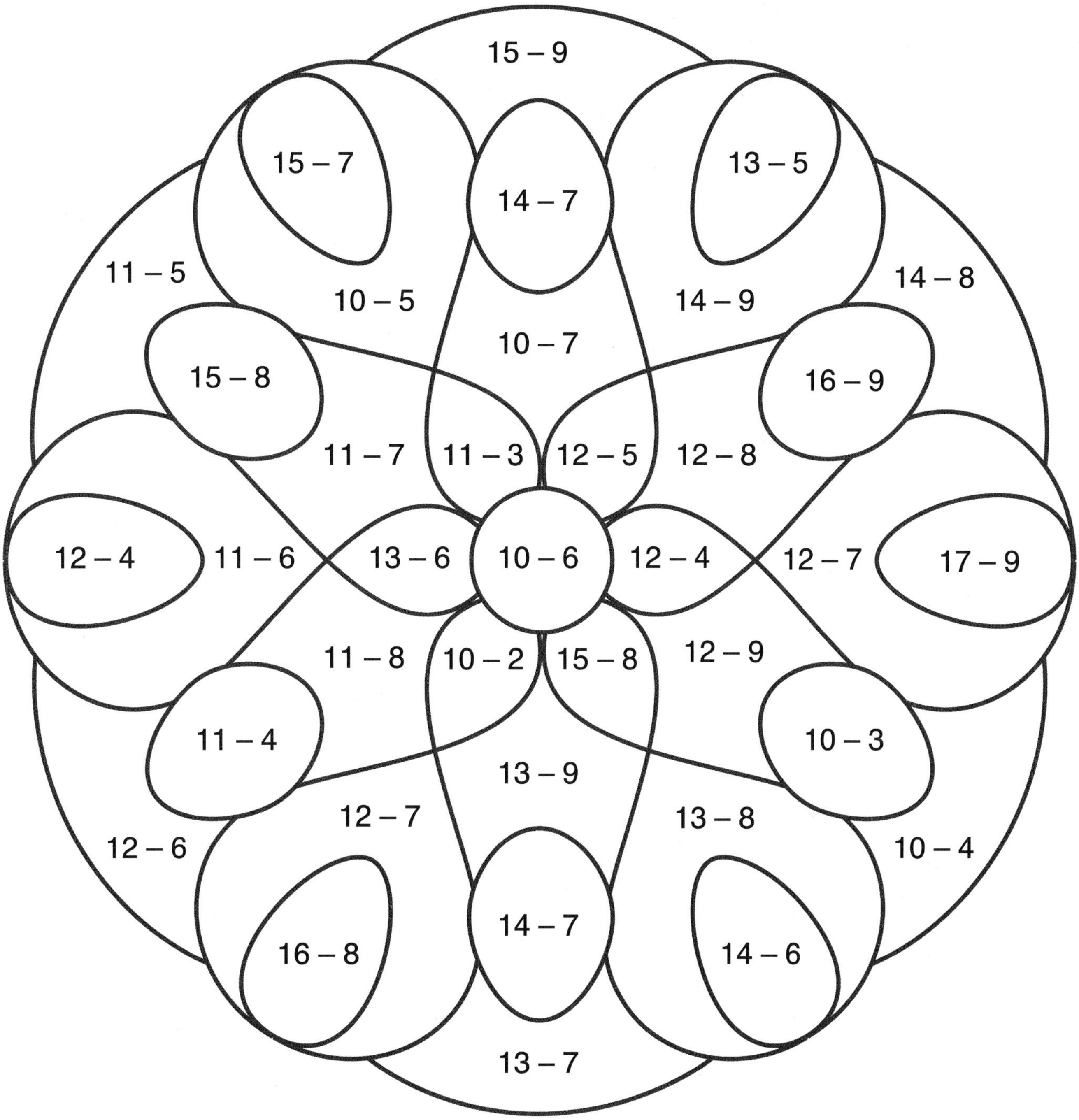

rot	blau	grün	braun	gelb	schwarz
3	4	5	6	7	8

Rechne die Aufgaben aus.

Male die Felder richtig an.

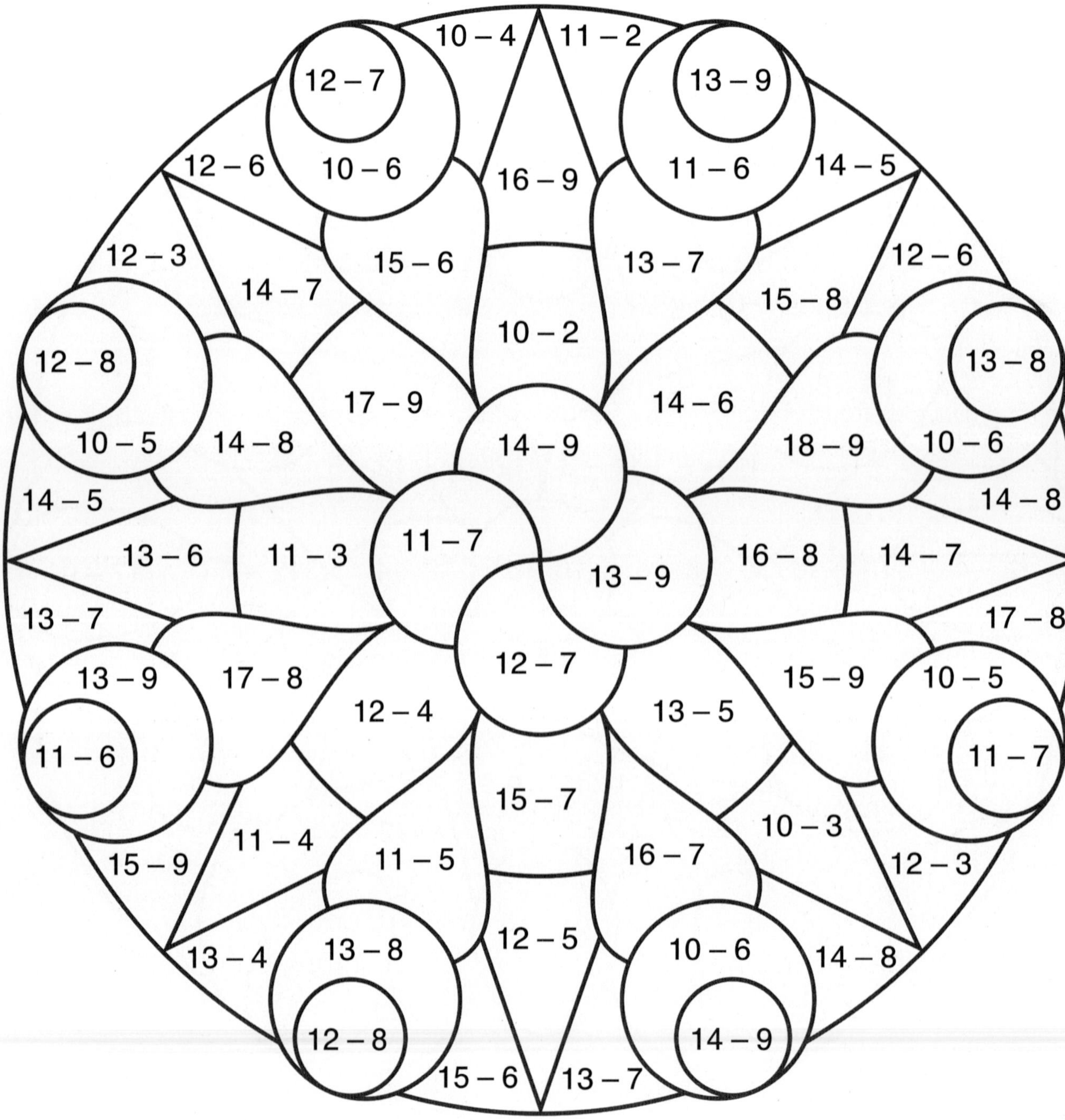

rot	blau	grün	braun	gelb	schwarz
4	5	6	7	8	9

Sophie Block: Einfache Rechenmandalas für den Zahlenraum bis 20

Rechne die Aufgaben aus.

Male die Felder richtig an.

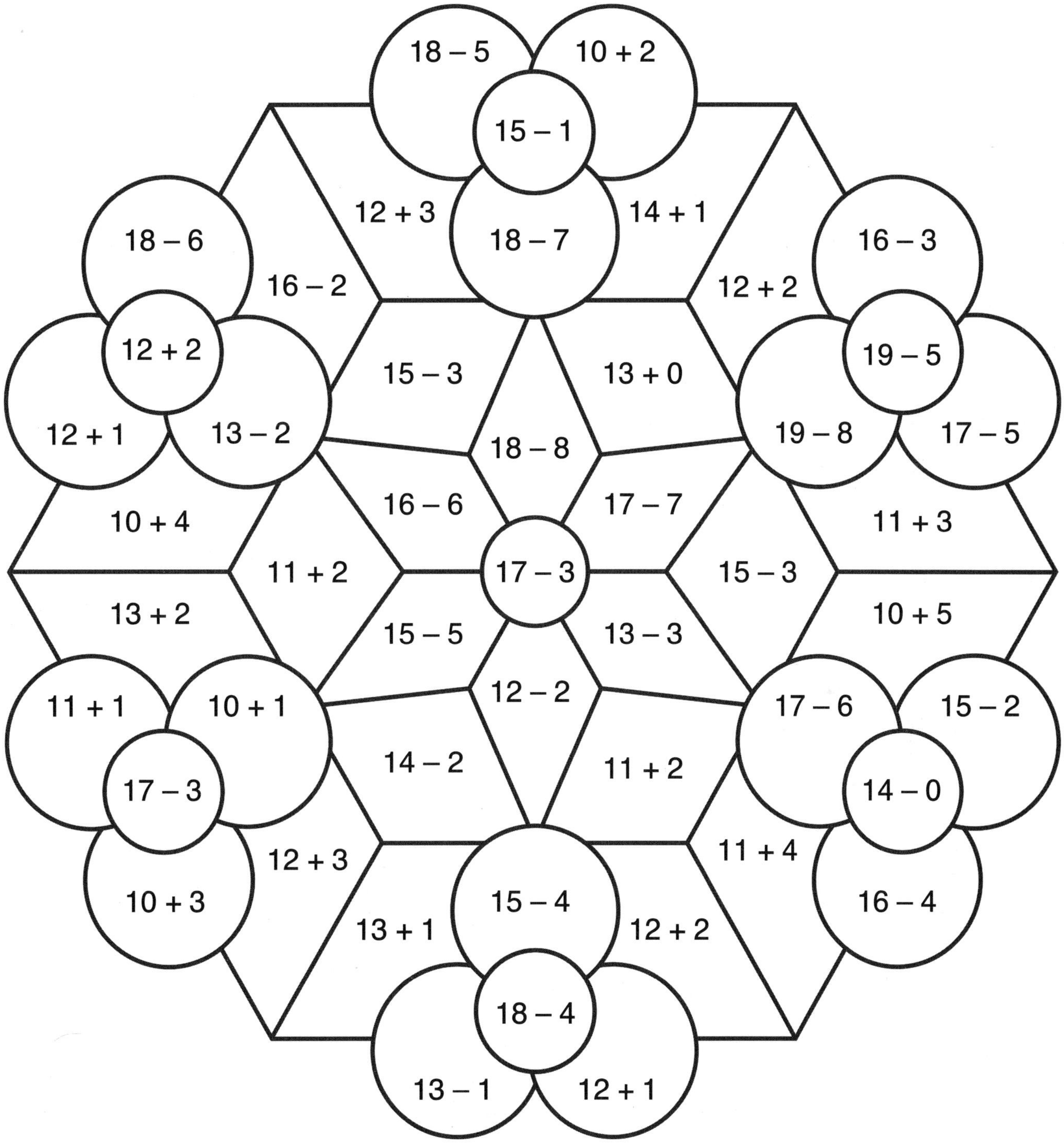

rot	blau	grün	braun	gelb	schwarz
10	11	12	13	14	15

Rechne die Aufgaben aus.

Male die Felder richtig an.

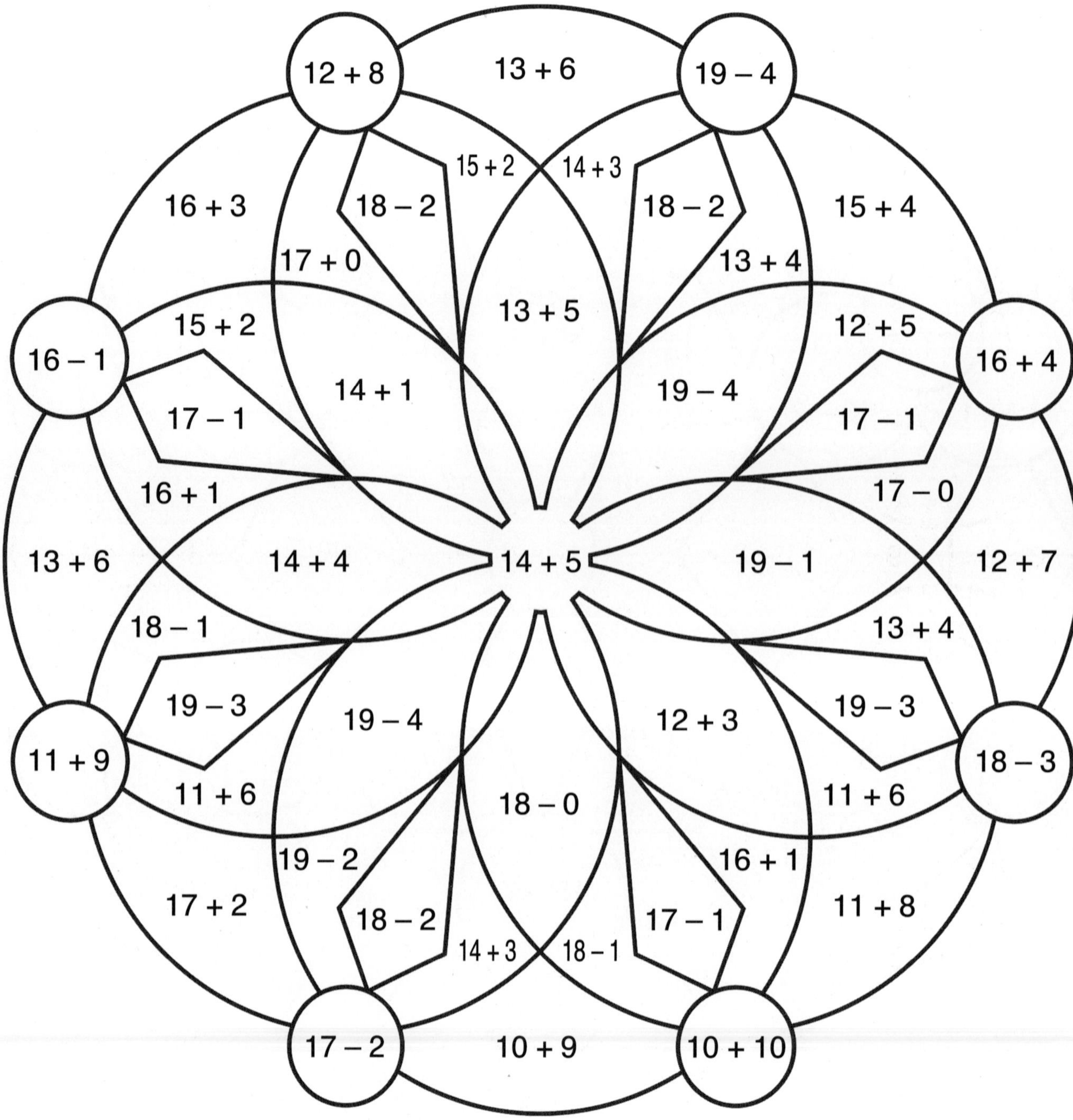

rot	**blau**	**grün**	**braun**	**gelb**	**schwarz**
15	**16**	**17**	**18**	**19**	**20**

Rechne die Aufgaben aus.

Male die Felder richtig an.

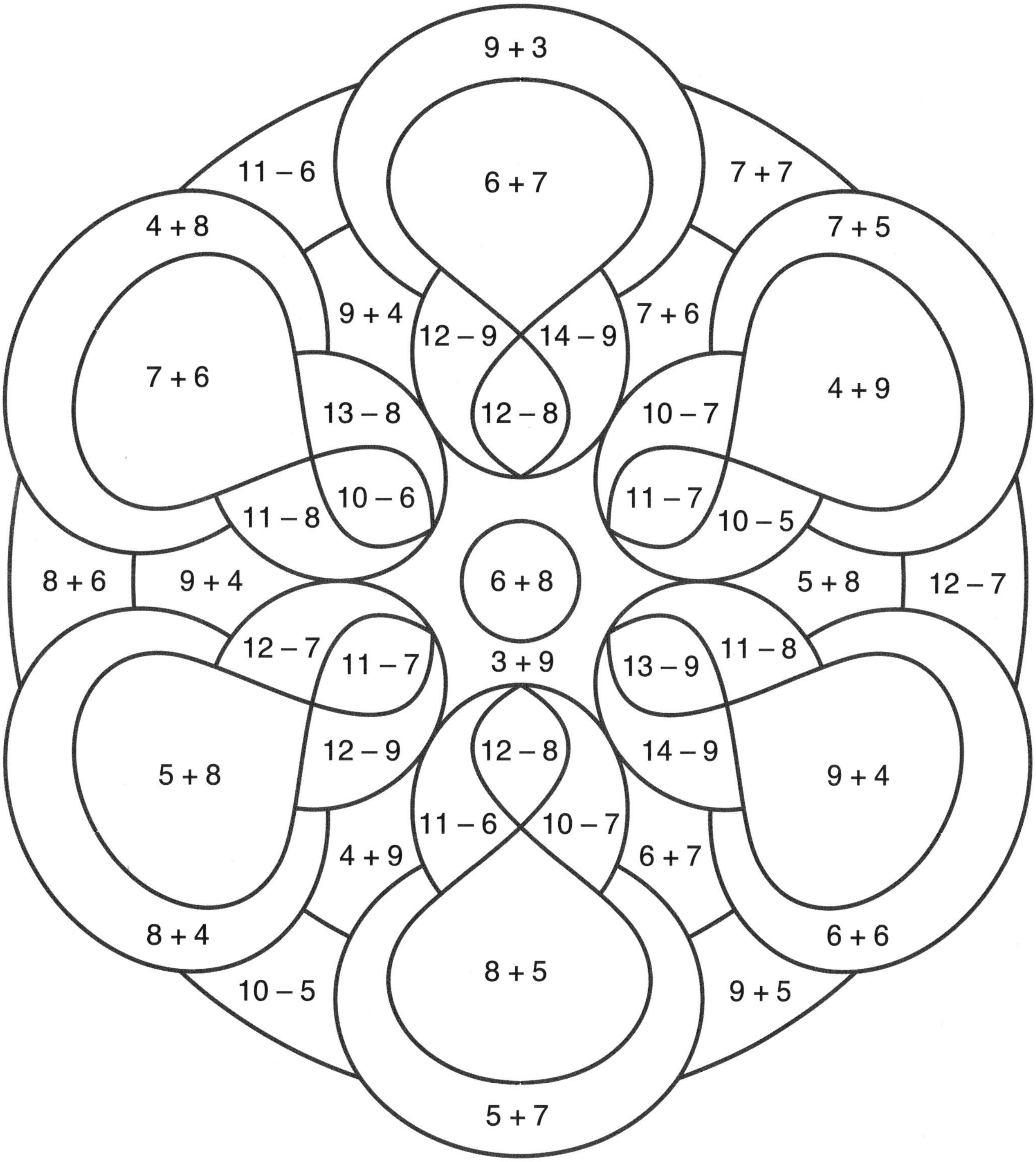

rot	blau	grün	braun	gelb	schwarz
3	4	5	12	13	14

Rechne die Aufgaben aus.

Male die Felder richtig an.

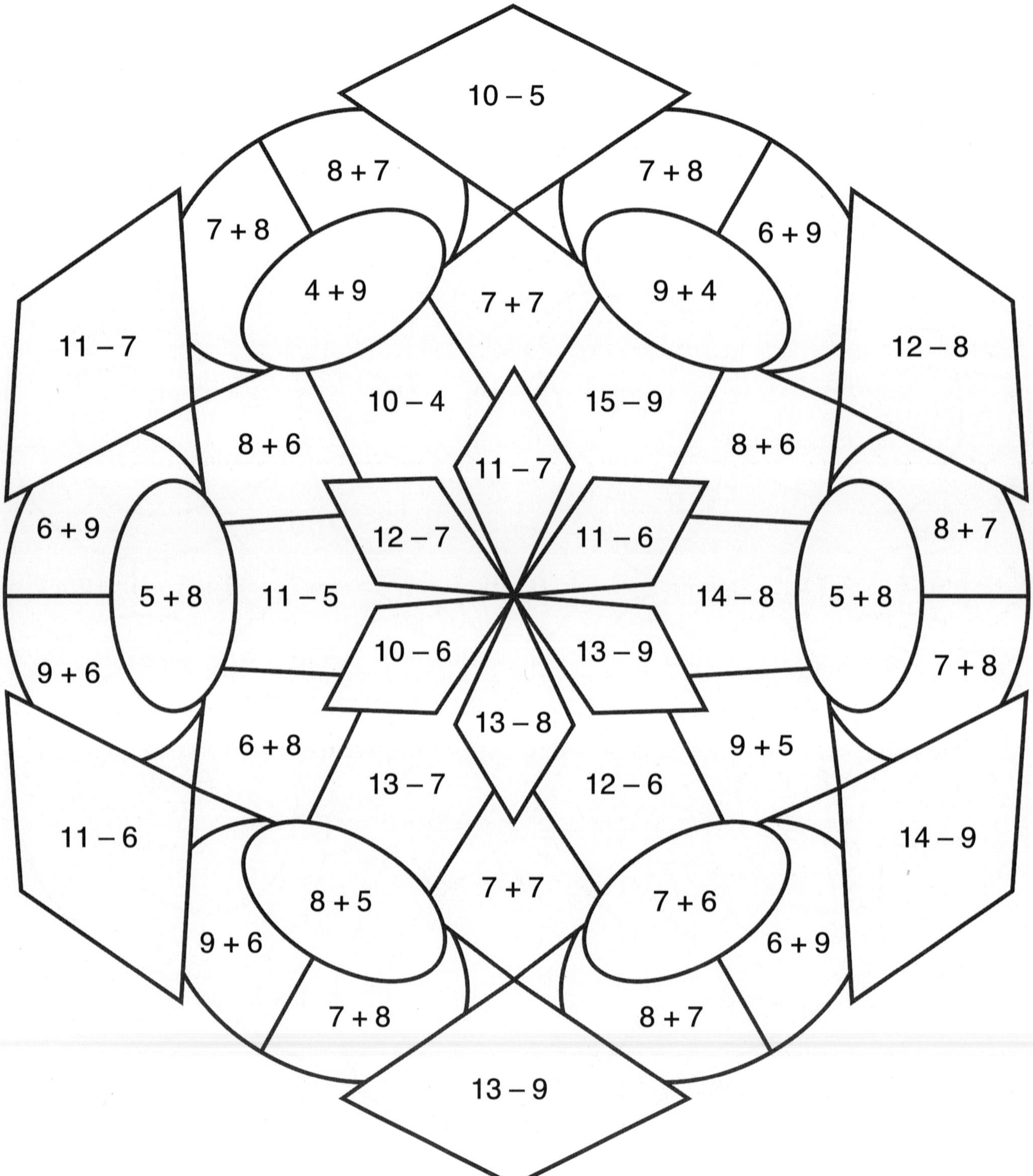

rot	blau	grün	braun	gelb	schwarz
4	5	6	13	14	15

Rechne die Aufgaben aus.

Male die Felder richtig an.

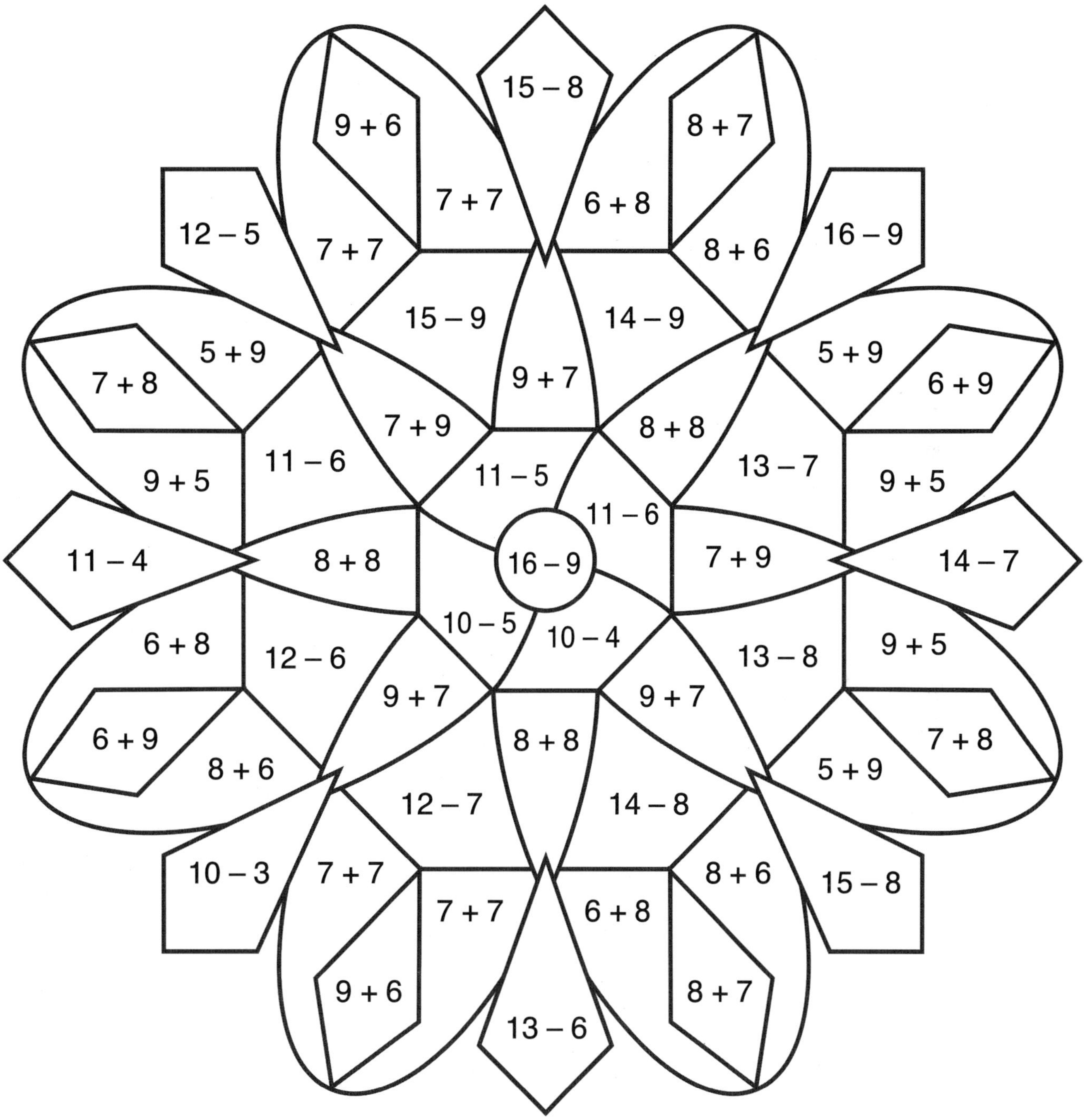

rot	blau	grün	braun	gelb	schwarz
5	6	7	14	15	16

Rechne die Aufgaben aus.

Male die Felder richtig an.

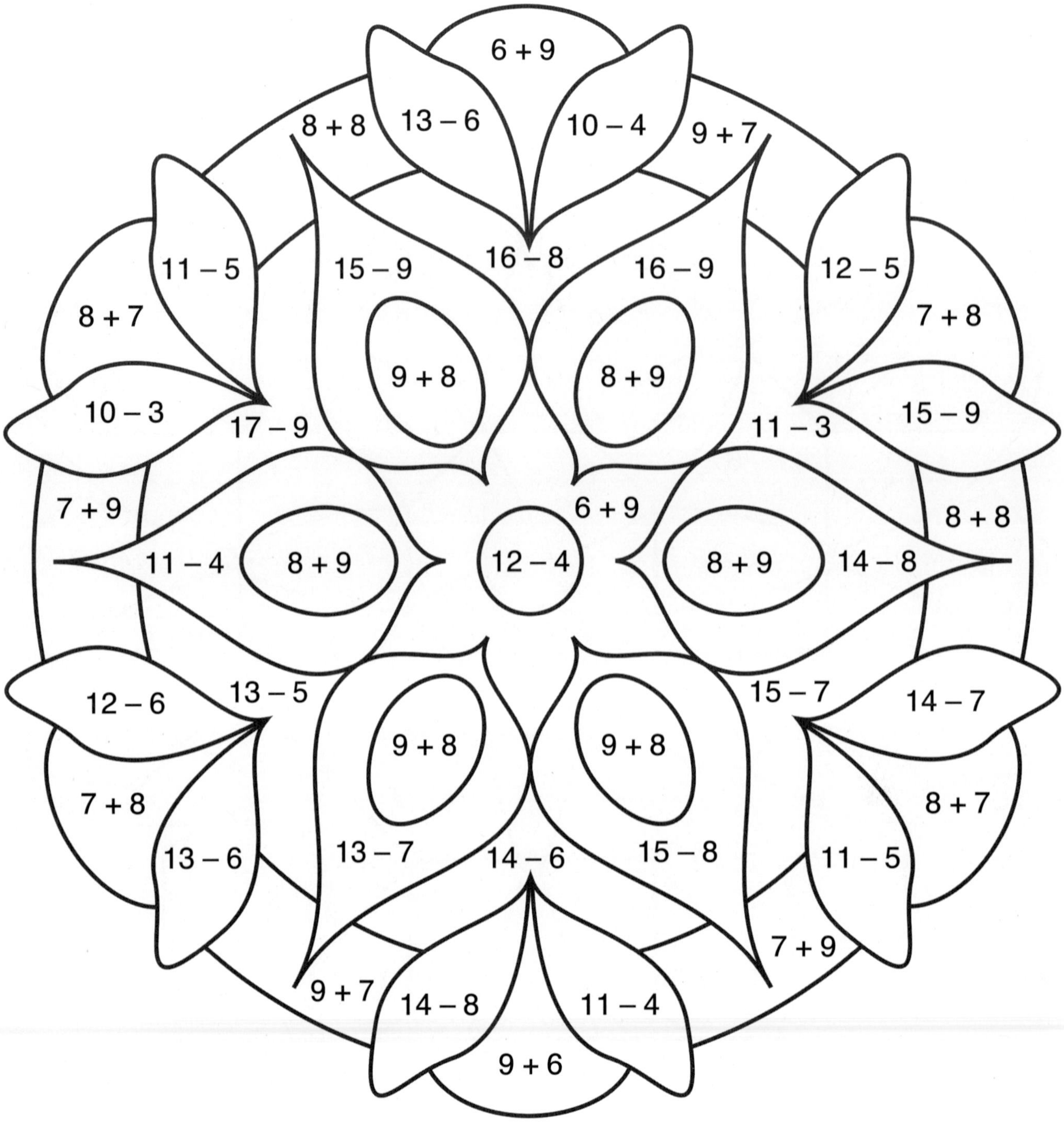

rot	blau	grün	braun	gelb	schwarz
6	7	8	15	16	17